稀有物种观察日记

# 稀有鱼类观察日记

彭麦峰 著 一本书文化 绘

U0321353

 广西科学技术出版社

图书在版编目（CIP）数据

稀有鱼类观察日记 / 彭麦峰著；一本书文化绘 . —南宁：广西科学技术出版社，2024.10

（稀有物种观察日记）

ISBN 978-7-5551-2212-8

Ⅰ . ①稀... Ⅱ . ①彭... ②一... Ⅲ . ①鱼类－少儿读物 Ⅳ . ① Q959.4-49

中国国家版本馆 CIP 数据核字（2024）第 103211 号

XIYOU YULEI GUANCHA RIJI

稀有鱼类观察日记

彭麦峰　著　　一本书文化　绘

责任编辑：邓　霞　　　　　　　　　　责任校对：吴书丽

装帧设计：张亚群　韦娇林　　　　　　责任印制：陆　弟

出版人：岑　刚　　　　　　　　　　　出版发行：广西科学技术出版社

社　　址：广西南宁市东葛路 66 号　　邮政编码：530023

网　　址：http://www.gxkjs.com　　　编辑部电话：0771-5871673

印　　刷：运河（唐山）印务有限公司

开　　本：787 mm×1092 mm 1/16

字　　数：96 千字　　　　　　　　　　印　　张：6

版　　次：2024 年 10 月第 1 版　　　　印　　次：2024 年 10 月第 1 次印刷

书　　号：ISBN 978-7-5551-2212-8

定　　价：45.00 元

# 目录

　　我和父母来到了青海湖，这里风景如画，还有令人印象深刻的青海湖裸鲤。青海湖裸鲤也叫湟鱼，它们滑滑的身躯竟然没有鳞片。

　　游玩时，在河湖交界的地方，我远远看到有一条黑色的"带子"在晃动。走近一看才发现，这是成千上万条青海湖裸鲤在奋力地游动。我被这场景深深地震撼了。爸爸说，这是青海湖裸鲤在洄游，它们每年的三四月都会游进青海湖附属的淡水河流中。

它们在争先恐后地去淡水河产卵。

它们在做什么？

**日记点评**

　　日记记录了在青海湖的见闻，"风景如画"用词恰当。日记在平铺直叙的写作当中，突出对黑色"带子"和这个"震撼"场景的刻画，让读者对青海湖裸鲤的数量、习性印象深刻。

震撼作者的青海湖裸鲤，是青海湖中的珍稀物种，让我们跟着日记去看看吧！

青海湖裸鲤是我国独有的物种。青海湖裸鲤身上没有鳞片，颜色偏黄，喜欢群居。

| 名称 | 分布／栖息 | 特点 | 食性 |
| --- | --- | --- | --- |
| 青海湖裸鲤（湟鱼） | 青海湖 | 身上鳞片退化了。春夏之交成群到淡水河口产卵，冬天躲在岩石夹缝中 | 喜欢吃浮游生物、底栖生物，还有一些藻类植物 |

青海湖裸鲤的祖先其实是有鳞片的。大概在 13 万年前，青海一带发生了剧烈的地壳运动，原本流淌的长河被局部封闭起来，形成了咸水湖。湖水盐分沉积，碱性和咸性都在增加，为了适应环境，生存在那里的鲤鱼鳞片逐步退化，成了现在的青海湖裸鲤。

哎呀，出口被堵住，湖水变得又咸又碱。我要适应环境，把鱼鳞变成皮肤。

孩子们，妈妈终于为你们找到了更好的地方，你们在这里慢慢长大吧。

为了让自己的后代在咸涩的湖水中更好地生存，青海湖裸鲤在每年的春夏之交，逆水游到咸水湖和淡水河交界处，把卵产在那里发育孵化。

2

找一找

哪些河是青海湖裸鲤妈妈最爱产卵的地方？

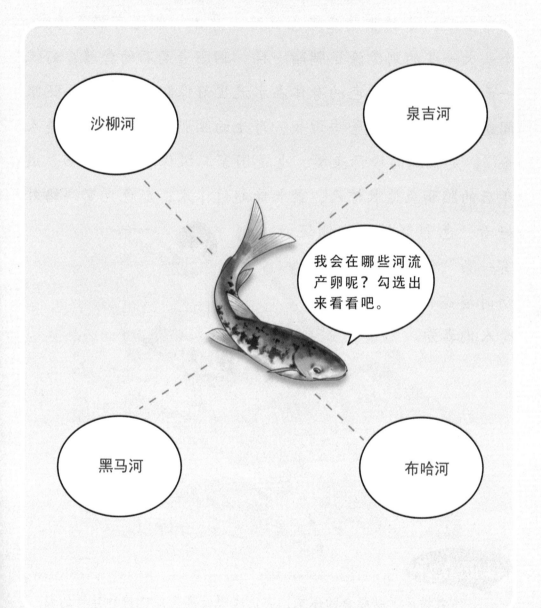

沙柳河

泉吉河

我会在哪些河流产卵呢？勾选出来看看吧。

黑马河

布哈河

## 胭脂鱼

　　今天我和爸爸妈妈一起参加了胭脂鱼放流活动，场面非常壮观！小的胭脂鱼颜色偏暗，身体一侧还有褐色斑纹，个头大一些的则像涂了胭脂一样。胭脂鱼高高的背鳍，好像一面风帆。它粉红色的身体在水流里好像飘起来一样，眨眼间就不见踪影。爸爸告诉我，野生的胭脂鱼又叫"亚洲美人鱼"，是长江的珍稀鱼类，也是国家二级保护野生动物。成年后的胭脂鱼体长惊人，最长能超过1米；颜色也变得格外好看，色彩鲜艳；体侧还有一条"红飘带"，游动时姿态优雅，深受人们喜爱。

### 日记点评

　　作者描述了胭脂鱼的体态，突出表现其高高的背鳍和独特的颜色，语言非常生动。多次运用比喻的修辞手法，如用"胭脂"描写颜色，用"风帆"描写背鳍，用"红飘带"描写体侧特征。

物种卡片

让作者不断写出各种比喻句的漂亮鱼类，到底是什么样子的呢，让我们去看看吧!

野生的胭脂鱼是国家二级保护野生动物，非法捕捉、买卖、食用涉嫌违法犯罪。

| 名称 | 分布/栖息 | 特点 | 食性 |
|---|---|---|---|
| 胭脂鱼(黄排、火烧鳊、红鱼) | 长江、福建闽江 | 幼鱼阶段喜欢群居在水流上层，成鱼多在水体中下层。胭脂鱼遇到危险会装死 | 喜欢吃底栖生物、水底泥渣中的有机物质，还有一些藻类和高等植物 |

胭脂鱼很早就存在于地球上了，可以追溯到恐龙统治的中生代。胭脂鱼身体侧看很扁，背部有一个突起的鳍，比较长，鳍的前部分明显凸起，且高耸，就像扬起的一面风帆，因此，人们给了胭脂鱼一个雅号——"一帆风顺"。

我靠装死逃过一劫!

真是"一帆风顺"呀!

胭脂鱼曾经遭到过人们的大肆捕杀，所以它学会了装死，以应对人类的渔具。

找一找

小游戏：认识胭脂鱼的色彩和形态，找一找美丽的胭脂鱼！

# 大马哈鱼

这是我第一次到我国东北旅行，在黑龙江支流，我见到了一种珍贵的鲑鱼，当地人把它们叫作大马哈鱼。在湍急的水流里，我看到大马哈鱼在快速游动，大嘴巴一开一合地，那些不知名的小鱼就进了它们的肚子，看起来特别凶猛。"爸爸快看，有鱼！"我大叫着。爸爸说："'白露前后，鲑鱼来'，这是大马哈鱼。它们3岁之前都生活在海洋里，长大后，就会游到河流里产卵。"

## 日记点评

作者对大马哈鱼的观察非常仔细，在日记中对大马哈鱼进食的场景进行了重点描写，"凶猛"一词的使用恰当传神。在叙述中，采用引用的修辞手法，增添了对大马哈鱼生活习性描写的趣味性和深度。

日记里重点描写了大马哈鱼的凶猛、洄游习性，我们来看看吧！

大马哈鱼在我国逐渐变得稀少，在 20 世纪 90 年代时锐减，2007 年在黑龙江监测到的数量不到 10 尾。同年，我国把大马哈鱼列入第一批重点保护水生野生动物名录。

| 名称 | 分布 / 栖息 | 特点 | 食性 |
|---|---|---|---|
| 大马哈鱼 | 在江河中出生，在大海中长大，而后又回到原出生河流产卵。在中国分布于黑龙江、乌苏里江、松花江、图们江等 | 幼鱼阶段喜欢群居生活在海里，成鱼在夏秋季洄游到出生地，在淡水河流域产卵 | 幼鱼时吃底栖生物和水生昆虫，在海里吃玉筋鱼和鲱等小型鱼类 |

大马哈鱼在从海里游到河里的过程中，体色逐渐暗淡下来，身体的一侧还出现了紫红色的斑纹。洄游途中，它们不管前面是瀑布，还是浅滩，都毫不退缩。

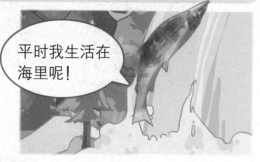

平时我生活在海里呢！

我终于可以放心地离开了。

孩子，这是妈妈为你们挑选的最好的生长地。

大马哈鱼经过长途迁徙，体色变暗淡，体形消瘦，身上可能还有伤口，产卵后，它们就会死亡。这个时候，原本肉质鲜美的大马哈鱼，便失去了食用价值。

大马哈鱼的"大冒险"：假设现在你是大马哈鱼，数一数游到淡水河的旅途上会有多少风险吧！

## 哲罗鲑

神秘美丽的新疆喀纳斯湖一直吸引着我，今天我们一家终于来到了这里。在湖边，我一眼就看到了那神秘的哲罗鲑。它也叫大红鱼，身体又细又长，游动起来非常迅速。在这里有一个神秘的传说：相传，湖中有一个巨型"水怪"，能把湖边饮水的马拖下去。经过调查，科考人员推测这个"巨怪"应该是生活在湖中的哲罗鲑。哲罗鲑是一种非常凶猛的肉食鱼类，长大后体长可达 2 ～ 5 米，不过是否能把马拖下水，这还是一个谜。

### 日记点评

作者采用了引用的修辞手法，通过引用巨型"水怪"的传说，让日记更引人入胜，生动地刻画了哲罗鲑体形、特点，并以科考人员的调查推测加深了印象。

我们跟随日记，去看看湖里特有的拖马"水怪"吧！哲罗鲑是我国国家二级保护野生动物，是世界第六大凶猛淡水鱼。它身体细长，圆筒形，呈红色，故又得名"大红鱼"，成年后体重能达到70千克。

| 名称 | 分布 / 栖息 | 特点 | 食性 |
| --- | --- | --- | --- |
| 哲罗鲑（哲罗鱼、大红鱼） | 在国内分布于黑龙江、图们江、额尔齐斯河等水系。在国外分布于俄罗斯西伯利亚的勒拿河到伯朝拉河，以及东欧的伏尔加河与乌拉尔河上游等 | 性凶猛，体形大，属冷水性鱼类，生活在湍急的江流中，越冬多在湖泊中 | 捕食鱼类及依水生活的蛙类、蛇类、鼠类、鸟类等 |

喀纳斯湖的哲罗鲑一般长2~5米，最长的可达10多米。

听说人类把我们当成了水怪，其实我们只是体形大，游起来动静有点大。

哲罗鲑会洄游到底部有沙砾的小河川产下鱼卵，孕育成熟后，小鱼苗喜欢藏在沙砾的缝隙里。

11

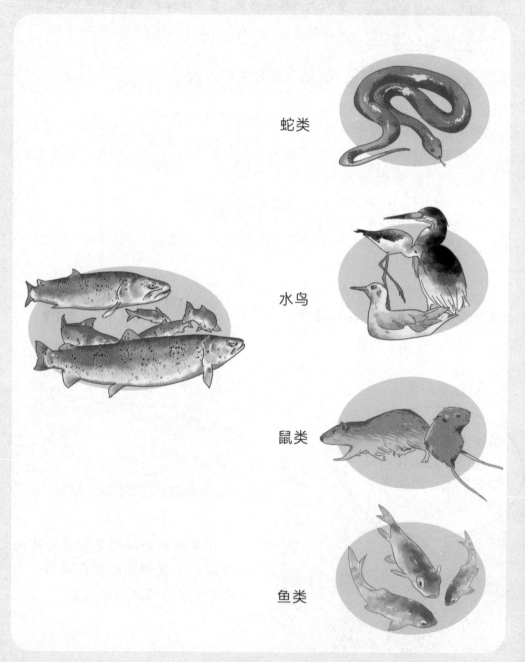

游戏：了解哲罗鲑的觅食习惯，把哲罗鲑与其喜欢的食物用线连起来。

蛇类

水鸟

鼠类

鱼类

## 唐鱼

趁着周末，我和家人一起走进山林中，感受大自然的美好。山林中溪流潺潺，声音悦耳。我蹲在水边时，看见一条小鱼在溪水里的石头间游来游去，激起些许水花。"好漂亮的一条小鱼啊！"我不禁脱口而出，赶快叫爸爸妈妈一起来看。只见它的身体整体偏暗绿色，两侧各有一条金黄色或银蓝色的条纹，从眼睛贯穿到尾部，上面还闪着金光，非常吸引人。鱼儿小巧，只有两三厘米长。"看，这有一条，那也有……"我开心极了，不停地给它们拍照。

妈妈，你看它们身上好像有"金丝带"，闪闪发光。

这是极其稀少的唐鱼。

### 日记点评

作者善于观察生物，描写到位，以白描的叙述手法，很好地展现了唐鱼的特征。同时，还通过对话、行为动作描写，衬托出自己在观察唐鱼时的心理活动。

唐鱼又称为白云山鱼、金丝鱼等，是一种稀有鱼类，为我国独有，因颜色独特，后被国外引进。它在《中国生物多样性红色名录——脊椎动物卷（2020）》中为极危等级。

| 名称 | 分布/栖息 | 特点 | 食性 |
|---|---|---|---|
| 唐鱼（白云山鱼、金丝鱼） | 广州白云山、花都区以及广州附近的山中溪流里 | 小型淡水鱼，成年后2~3厘米，色泽艳丽，具观赏价值 | 以食浮游动物和腐殖质为主 |

唐鱼十分娇小，对水质要求非常高，比较适宜的pH值为7.0左右，比较适宜的温度为25℃左右。

唐鱼的繁殖也非常有限，在春夏季可以繁殖2次以上，但1次只产数10枚卵。糟糕的是，它们有时候竟然会吃掉自己的卵。这也就导致唐鱼的生存和繁殖都受到极大考验，其数量急速下降。

14

为了保护唐鱼，广州从化区于 2007 年建立了唐鱼自然保护区。假设你是保护区的工作人员，说一说当地在哪些方面加强了对唐鱼的保护。请把答案写下来：＿＿＿＿＿＿＿＿

## 长江鲟

　　我的叔叔在一家鱼类研究所工作，我对他们研究所一直特别好奇，今天终于有机会去参观一番。来到研究所后，我在那里看到了一条稀有的长江鲟，真是令人大开眼界。只见它的身体像一把长长的梭子，脊背突起，棱角分明。有趣的是，它的头部有一个喷水孔，嘴巴下面有两对长触须。在水中觅食的时候，它总是先用嘴巴下面的两对触须到处探索感知，然后才展开行动。叔叔告诉我，这种鱼类被称为"水中大熊猫"，它的历史非常久远，它的祖先曾经目睹恐龙称霸地球。

我们在用人工养殖的方法尽可能多地繁殖长江鲟。

### 日记点评

　　通过日记的描述，可以感受到作者对研究所的热情。日记中，作者采用比喻的修辞手法，对长江鲟的身体细节进行描写。日记运用了"大开眼界""久远"等词，使用恰当，并通过叔叔的介绍，突出这个物种的久远历史。

我们跟随日记，去看看历史久远的物种——长江鲟吧！它又叫达氏鲟，生活在长江流域，是国家一级保护野生动物，也是《濒危野生动植物种国际贸易公约》（CITES）附录Ⅱ保护物种。2022年7月，其因未能发现除增殖放流种群外的幼鱼而被评估为野外灭绝，列入《世界自然保护联盟濒危物种红色名录》。

| 名称 | 分布/栖息 | 特点 | 食性 |
| --- | --- | --- | --- |
| 长江鲟（达氏鲟） | 长江流域，淡水定居型鲟种，喜欢浅水的岩礁、沙底和卵石区域 | 它的皮肤上覆盖着一层原始而特化的硬鳞 | 杂食性鱼类，食物包括各种在水底生活的无脊椎动物、水生昆虫幼体和底层的小型鱼类，以及藻类和水生植物茎叶等植物性食物 |

作为"鱼类化石"的长江鲟因为受长江流域的水污染、大坝拦截等诸多因素的影响，数量锐减，不过相比于已经灭绝的白鲟，长江鲟有着更多的生存希望。

好古老的鱼类啊！

产多多的卵，总能存活一点后代啊！

长江鲟已经实现人工养殖，而且长江鲟产卵量超多。一条雌鱼可以同时怀有6万～13万粒鱼卵，这么大批量的后代，总有一些可以存活下来。

1. 长江鲟主要生活在哪里？请小朋友找出并连线。
2. 野外的长江鲟灭绝了吗？

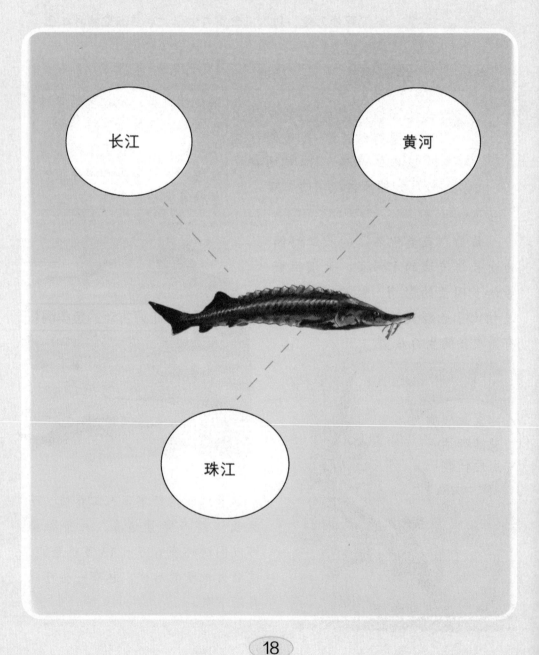

## 扁吻鱼

今天，在暴雨里，我看到湖面下游动着一种很特别的鱼——扁吻鱼。扁吻鱼拥有一个非常大的头，因此又被叫作新疆大头鱼。它们的头真的很大，占了整个身体的三分之一。这种鱼只生活在新疆境内，而且还是国家一级保护野生动物，真是太神奇了！我找到了当地的渔民，他们告诉我扁吻鱼有一个特别的习性，就是喜欢在暴雨天出来捕食。船上的保护人员说，它们和大熊一样，都非常稀有和珍贵。

### 日记点评

作者有着非常强烈的好奇心，同时善于通过别人的帮助，了解更多扁吻鱼的特征和习性！如通过引用渔民、保护人员的介绍，点明扁吻鱼的特殊习性和稀有情况。

扁吻鱼是世界裂腹鱼中的珍贵物种，起源于3亿年前，有着"古鱼类活化石"之称，仅1属1种，仅分布于塔里木水系，是国家一级保护野生动物。

| 名称 | 分布/栖息 | 特点 | 食性 |
|------|-----------|------|------|
| 扁吻鱼（新疆大头鱼） | 新疆塔里木水系 | 性情温和，头部较大。喜欢在暴雨天出来捕食 | 喜欢吃鱼类和虾蟹等小型水生动物，是凶猛的大型食肉鱼 |

扁吻鱼是新疆特有的淡水鱼类，也是我国特有的鱼类之一。扁吻鱼外形独特，体长一般为30～40厘米，最长可达1米。扁吻鱼生活在新疆的天山山脉地区，主要分布在新疆的伊犁、昌吉、巴州等地，是当地的重要水产资源。

塔里木水系的"大熊猫"。

瞧我的身手！

正是觅食的好时机，千万不可错过。

扁吻鱼的头部特别大是因为它们生活在急流险滩中，头部的宽度可以帮助它们更好地抵御水流的冲击。扁吻鱼繁殖能力强，但是由于过度捕捞等因素，其数量剧减，现在存活量极少，已成为濒危物种。

哪里是扁吻鱼的生活环境？扁吻鱼主要分布在哪些地区？

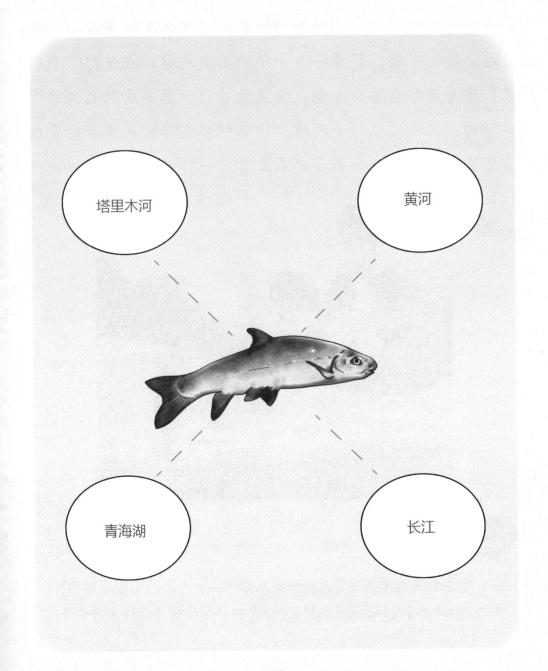

## 大理裂腹鱼

今天我和爸爸妈妈一起来到了大理洱海，看到了传说中的大理裂腹鱼！这种鱼只有在我国洱海及其附属水系才能看到，非常稀少。它的外形很特别，身体呈长条状，背部隆起，腹部下陷，就像一个小小的船底一样。我觉得"裂腹鱼"这个名字有些吓人呢，但是爸爸说，其实这种鱼是非常柔弱的，只有几根细小的鳍，游动的姿态非常优美。它是因为从头部到尾部有一条看起来像裂纹一样的纹路，所以被叫作裂腹鱼。

### 日记点评

小作者生动地描述了大理裂腹鱼的特点和外形，运用比喻的修辞手法，展示"腹部下陷"的特征，这样的描写使句子变得生动活泼。

来看看，这种独特的鱼还有哪些知识值得我们关注。大理裂腹鱼是我国国家二级保护野生动物，在《中国生物多样性红色名录》中为极危等级。

| 名称 | 分布 / 栖息 | 特点 | 食性 |
|------|------------|------|------|
| 大理裂腹鱼（弓鱼） | 只在我国云南洱海、洱海的支流、澜沧江水系中生活 | 身体呈长条状，背部隆起，腹部下陷，只有几根细小的鳍，游动的姿态优美 | 喜欢以浮游生物、小型鱼类、水草为食 |

因在两列大型臀鳞之间沿着腹部的中线形成一条裂缝而得名。大理裂腹鱼通常生活在洱海深水区，游动的姿态优美，吃的是浮游生物、小型鱼类和水草。

我也可以"跳"出水面很高并捕食！

大理裂腹鱼擅长跳跃，它们可以跳出水面捕捉昆虫，有时候甚至可以跃出水面几十厘米。因为跃出水面时身形像"弓"一样，它又被叫作弓鱼。

　　认识大理裂腹鱼的身体结构和生活习性，数一数隐藏在水草中的大理裂腹鱼有几条。

## 秦岭细鳞鲑

因为我在网上看到秦岭细鳞鲑的照片和介绍后，对它们非常感兴趣，所以爸爸决定带我前往秦岭深处去看一看。跟随着向导，我们一家人穿过茂密的树林，终于来到了秦岭的一条清澈溪流旁。在溪流里，我看到了身姿纤细的秦岭细鳞鲑在水流中优雅地游动着。它们身上布满斑点，看起来像穿了外套。向导告诉我们："它们只在秦岭山间的溪流里生活，非常珍贵。我们要好好保护它们，让它们在这里生长繁衍。"

**日记点评**

作者观察力非常敏锐，描写层次清晰，对这个物种的生活环境进行了详细的描述，并用分点描写的方法，分别介绍了秦岭细鳞鲑的动作、外形，逻辑清晰。"纤细""优雅"用词精准，比喻恰当。

让我们跟着日记再去看看优雅的秦岭细鳞鲑吧！它是秦岭深处独有的珍稀物种，因为数量稀少，被列为国家二级保护野生动物。

| 名称 | 分布 / 栖息 | 特点 | 食性 |
|------|------------|------|------|
| 秦岭细鳞鲑 | 秦岭地区的山涧溪流中。喜欢清澈、流速适中、水温较低（10～18℃）的河流。在深水潭或河道的深槽里越冬 | 身体呈流线型，身上有细小的鳞片 | 以小型底栖动物为食 |

由于人类活动的不断干扰，秦岭细鳞鲑的保护现状不容乐观。过度的捕捞、堆积垃圾和污染水体等行为，都在威胁着它们的生存。秦岭细鳞鲑是秦岭山间溪流中的关键物种，如果它们消失了，会导致一系列相关物种也面临灭绝的风险，整个生态系统都将受到巨大的影响。

难受，好难受！

14℃

好舒服呀！

秦岭细鳞鲑对水环境的依赖性很强，在山溪生态系统中扮演着重要的角色。溪流pH值超过8.5或低于4.3，秦岭细鳞鲑就会死亡。

秦岭细鳞鲑非常善于隐藏自己，它们的身体颜色和水底的砂砾颜色很相似。找一找，数一数下图中藏着几条秦岭细鳞鲑。

## 噬人鲨

今天我看了纪录片《大白鲨》。神秘的大海中，身躯庞大的噬人鲨（即大白鲨）深深地吸引了我。到了水族馆，我终于看到了真的噬人鲨："哇！好巨大呀！"它的体重能达到惊人的2000千克，体长6米。6米，那相当于2层楼那

么高呢！为了维持这么庞大的身躯，它们捕食猎物非常凶猛。大嘴张开，里面的牙齿就像一排排小钢锯，猎物一旦被它们咬住，就很难再挣脱。这样的"大胖子"在海里游起来却非常灵活，速度很快。在大海中，其他鱼类都非常害怕噬人鲨，有记录表明噬人鲨甚至会攻击渔船和人类。

### 日记点评

作者描述噬人鲨的特征时，采用比喻、借代的修辞手法，非常生动，并运用对比的技巧，把噬人鲨的体长和大楼进行比较，令人印象深刻。

让我们继续认识日记里的"大胖子"吧！大白鲨一般指噬人鲨，现在数量稀少，受到世界各国保护，被列入《世界自然保护联盟濒危物种红色名录》，也是我国国家二级保护野生动物。

| 名称 | 分布／栖息 | 特点 | 食性 |
| --- | --- | --- | --- |
| 噬人鲨（大白鲨） | 生活在热带、亚热带和温带海区。在我国主要分布于东海、南海和台湾东北海域 | 海洋里的顶级掠食者，非常凶猛，加速时游动速度很快 | 最重要的食物是海洋哺乳动物（如海狮、象海豹）和鱼类（其他鲨鱼和乌贼鱼） |

噬人鲨非常凶残，它尾鳍宽大，游动快速、敏捷。它的嘴里是好几排又尖又大的利齿，有的能达到 7 排，绝对是其他鱼类的噩梦。

噬人鲨是目前世界上最大的掠食动物。刚出生时的噬人鲨也比一般的鱼类大，体长在 1.09~1.65 米之间。成年噬人鲨一般体长 1.4~6 米，最长达 8 米。

找一找

哪一个是噬人鲨繁殖的正确方式呢?

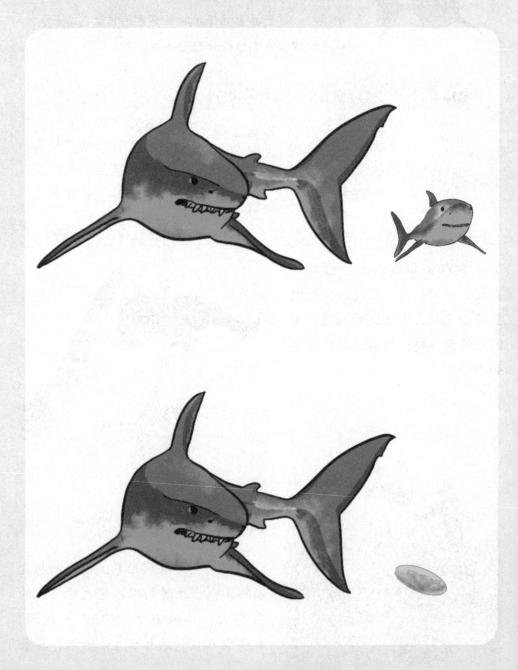

## 长身鳜

今天我们来到了福建的山岭里野营。在溪流边垂钓时，爸爸见到了一条特别的鱼。它身上长着花纹，嘴巴露出尖尖的犬齿，在腮盖骨后边还有细细的锯齿。"哎呀！这是长身鳜！"旁边学生物的表哥大喊，我们赶快小心翼翼地引导长身鳜回到溪流的深处。表哥介绍说，长身鳜是生活在暖温带山溪中的鱼类，曾经分布广泛，但是现在，这种鱼类已经变得稀少。

### 日记点评

作者记录了在野外见到长身鳜的经历，语言、动作的描写细致生动，将发现稀有物种的兴奋心情充分地展现出来，令人印象深刻，真正做到了声情并茂。阅读日记时，读者仿佛能够听到声音，看到作者激动的动作。

我们一起看看让作者兴奋的动物吧！长身鳜是一种非常珍稀的淡水鱼类。被列为《中国物种红色名录》中的易危物种。

| 名称 | 分布/栖息 | 特点 | 食性 |
|------|----------|------|------|
| 长身鳜 | 生活在暖温带的山溪里，比较集中在我国浙江、福建，在长江以南的湖南、贵州、广西和江西等地的水域中也有发现 | 身形较小、细长，圆筒形 | 喜欢吃小鱼、小虾、青蛙以及各种水生昆虫 |

长身鳜喜欢水底布满石头的清澈溪流，在长江下游水口也曾有发现。

长身鳜的食物有哪些?

## 昆明鲇

今天一大早，我和爸爸妈妈就来到了昆明滇池。这是我第一次来到滇池，也是第一次见到传说中的昆明鲇。据说这种鱼只有在滇池中才能生存，而且非常稀少。见到昆明鲇时，我真的很激动。

我们先到了鱼类研究所，然后跟着学生物的表哥坐上

了一艘小船，并开始到处寻找昆明鲇的踪迹。终于，在一个草丛旁，我发现了一条特别的鱼。它的身体扁长，眼睛位于头部两侧偏上位置，浅黄色的身体两侧有不规则的斑点。爸爸告诉我，这就是昆明鲇，早晨和黄昏的时候，它们会比较活跃，喜欢出来觅食，所以我们才能看到。

### 日记点评

日记开篇就直接突出了作者期待看到昆明鲇的心理活动。后文中，作者对昆明鲇的描写十分细致，从外形特征到生活习性，将昆明鲇描绘得栩栩如生。日记结构非常流畅。

让作者心心念念的昆明鲇是怎么样的呢？昆明鲇是我国特有物种，也是我国国家二级保护野生动物，在《世界自然保护联盟濒危物种红色名录》中为极危等级物种。

| 名称 | 分布/栖息 | 特点 | 食性 |
|---|---|---|---|
| 昆明鲇 | 昆明滇池 | 身形扁长，前部纵扁，后部侧扁 | 白天躲藏在湖底水草多的地方，清晨和黄昏伏击捕食其他鱼、虾，是一种凶猛性肉食鱼类 |

昆明鲇只分布在云南省昆明滇池。由于栖息地被破坏，昆明鲇危在旦夕。

昆明鲇在滇池曾经非常常见，因为肉质细嫩而被作为珍贵的食用鱼。当地人叫它"土鲇"。可是自20世纪70年代起，已经极少在野外发现昆明鲇了。

找一找

昆明鲇喜欢躲藏在哪里觅食呢？请把它喜欢的地方和食物找出来。

## 白鲟

在邮票上，我曾看到一条叫作白鲟的鱼，它长着长长的大鼻子，非常特别，真的好有意思。我央求在鱼类保护中心工作的叔叔一定要带我去看一看。今天，跟着叔叔，我终于来到了鱼类保护中心，我好期待呀！叔叔说，白鲟是中国特有的物种，它原本一直生活在长江中，曾经是中国最大的淡水鱼，体长 2 ~ 3 米。据说，有人曾经抓到过 7.5 米长的白鲟呢。我满心期待地在水池里找来找去，却没有发现它的身影。叔叔忽然很严肃地把我带到了标本室，在这里，我终于看到了白鲟。原来，它已经灭绝了。我真的好难过。

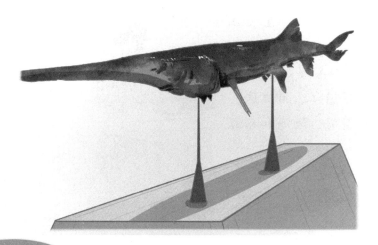

### 日记点评

日记通过回忆、铺垫、反转等方法，让我们感受到作者的情感变化和最后沉重的心情，也深刻地记住了白鲟这个稀有物种。"央求""期待""满心期待""终于"等逐次递进的描写方式，使感情表达深刻而有力。

## 物种卡片

让我们跟着日记去看看让作者久久不能忘怀的白鲟吧！白鲟是我国特有物种，国家一级保护野生动物。在 2022 年 7 月 21 日更新的《世界自然保护联盟濒危物种红色名录》中，白鲟从极危等级保护物种名录调至已灭绝物种名录。

| 名称 | 分布/栖息 | 特点 | 食性 |
|------|----------|------|------|
| 白鲟 | 主要生活在长江干流中下游，也会在入海河口咸淡水水域生活，偶尔进入沿江大型湖泊 | 长长的吻部非常突出，体形很大，长 2～3 米，甚至达到 7 米，成年的白鲟在野外几乎没有天敌 | 凶猛的大型食肉性鱼类，捕食其他鱼类为主食，也吃虾蟹 |

白鲟曾经是长江里的霸主，它们分布的范围很广。在长江（自宜宾至长江口）的干支流，如沱江、岷江、嘉陵江、洞庭湖、鄱阳湖及钱塘江、甬江这些地方，甚至在黄海、渤海和东海都曾有发现。

我曾经称霸长江！

威武的长江霸主白鲟，曾经被用于祭祀。它的形象也频繁出现在文物之中。

找一找

在下面的邮票里，找到画有白鲟图案的邮票。

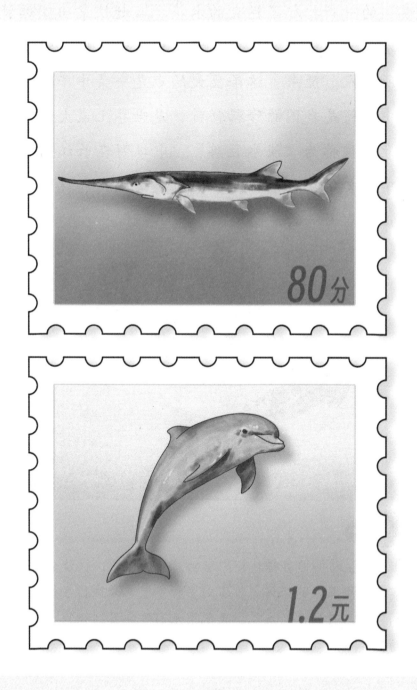

## 中华鲟

今天我和爸爸坐长江游轮观光时，看到一条威猛的大鱼"噗"的一声打起了巨大的水花。我赶快拿出望远镜，想清晰地看到它的样子。突然，它跃出江面，闯入镜头，震惊了我们所有人。原来，这条巨大的鱼是一条中华鲟！爸爸告诉我，中华鲟是我国的珍稀物种，是世界上最大的淡水鱼之一，因此也被称为"淡水巨兽"。中华鲟在长江生活了几千年，是中国文化象征之一。但由于过度捕捞和环境污染，它们现在正面临灭绝的危险。

### 日记点评

作者用生动的语言描述被中华鲟震撼的经历，让读者对这种珍稀鱼类有了更深入的了解。作者对多种感官感受进行了描写，如通过听到声音，看到巨大水花、鱼跃出水面等一系列描写，使日记内容生动又深刻。

　　来看看这个"淡水巨兽"还有哪些特点。中华鲟是国家一级保护野生动物，在《世界自然保护联盟濒危物种红色名录》中为极危等级物种。它是长江的象征之一。

| 名称 | 分布/栖息 | 特点 | 食性 |
| --- | --- | --- | --- |
| 中华鲟 | 长江中下游及其支流 | 威猛硕大，是淡水鱼类中个体最大、寿命最长的物种，体长可达 3 米 | 杂食性鱼类，在海洋主要吃鱼类、甲壳类和软体动物；在淡水区，以底栖生物（包括鱼类、甲壳类和软体动物等）为食 |

　　为了保护中华鲟，我国政府已经采取了多项措施，包括人工繁育、禁止捕捞等。

我要努力生存下去！

　　中华鲟的繁殖过程非常复杂，需要从大海洄游到江河里完成产卵。夏秋季节，中华鲟从长江口溯流 3000 多千米游回金沙江一带产卵繁殖。等幼鱼长到 15 厘米长，成鱼再带它们游到大海生长。

请你仔细观察下面的图画，并说出哪一条是中华鲟，哪一条是白鲟，哪一条是长江鲟。

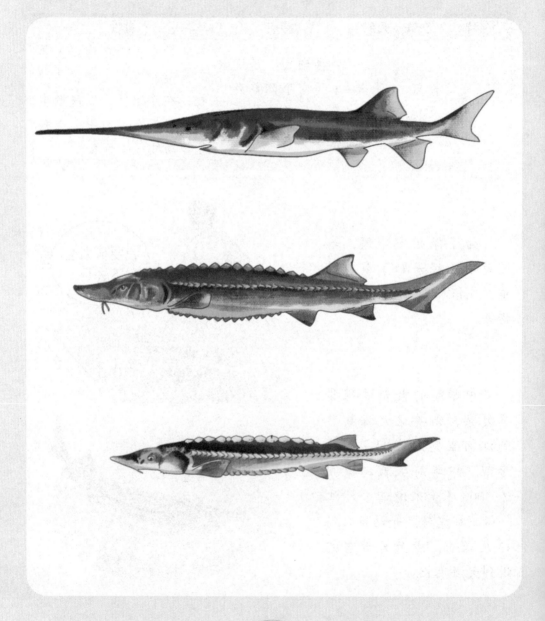

## 松江鲈

今天我和小伙伴去钱塘江边散步，忽然听到一阵欢呼，原来有人钓上来一条鱼。我和小伙伴挤进人群一看，这条鱼可真大呀！旁边的爷爷说，这鱼应该有数十斤重。只见这条鱼身体整体扁平，由前向后逐渐变细，身上没有鳞片。它剧烈地挣扎着，黄褐色身体上的黑色斑点和夹杂的花纹随之抖动起来。

"这是珍贵的松江鲈啊！快放了吧，它可是受保护的动物！"一名男子喊起来。最终，大家小心翼翼地把那条鱼放回了钱塘江。一转眼，鱼儿就不见了。

**日记点评**

作者叙事简洁、条理清晰、重点突出。分点描写的技巧运用得很熟练，先突出描写发现的过程，然后详细描写松江鲈的外貌，再侧面描写人物对话，最后突出放生的过程。

## 物种卡片

被放生的是松江鲈，让我们去看看吧！松江鲈被列入《国家重点保护野生动物名录》，为国家二级保护野生动物，目前已禁止捕捞。为了让这种鱼重新出现在江河湖海里，我国开展了人工增殖放流活动，有的水域已经放流上万尾松江鲈。

| 名称 | 分布/栖息 | 特点 | 食性 |
|---|---|---|---|
| 松江鲈 | 分布于中国、菲律宾、日本和朝鲜半岛，栖息于河流入海口附近。在中国常生活在长江三角洲、辽河口及鸭绿江范围 | 身体扁长，由前到后变细，身体无鳞片，有一些小颗粒和细刺状皮质突起 | 有洄游习性，在淡水中生长，到河口近海繁殖。吃原生动物、轮虫类、枝角类、桡足类、水生昆虫、底栖动物等 |

松江鲈成长期多生活在淡水河或者湖泊，成熟后到接近海岸的浅水水域繁殖。松江鲈因其在中国长江口附近松江的产量较多而得名，但它们其实并非一直生活在那里。追溯起来，它们多来自东海海域，游经江河湖海，汇集在秀野桥下，调整一下再出发，进入别的河道。

松江鲈因肉质细腻肥美而被过度捕捞至逐渐消亡的地步。

我虽然叫松江鲈，但是生活的地方可不少。

别吃我呀！

找一找

鱼苗放流活动中的生物是什么呢？它们生活在哪里？

钱塘江支流

## 马耳他鳐

　　我和研究鱼类的舅舅到了意大利的西西里岛附近。今天在海岛沿海探索时，我们看到了一种奇怪的鱼，它像飞碟一样在水底"飞行"。它的身体很宽很平，有很多褶皱，胸鳍宽大，与头部相连，而且有肌肉。它扁平身体的两侧像机翼一样，可为它在水底"飞行"带来动力。我观察了很长时间，发现它的眼睛和嘴巴都很小，而且身上有很多的白色小点。我想知道这种鱼的名字，就去问舅舅。舅舅说："这是马耳他鳐！它们很珍贵，是濒危物种。"

**日记点评**

　　作者用像飞碟"飞行"进行比喻，让文字有了动感。拟物技巧的运用，非常形象地展示了马耳他鳐在水中滑行游动的特点。作者的文章结构很有层次，让人读起来顺畅清晰。

让我们看看这种"水下飞碟"是哪一种珍稀鱼类吧？马耳他鳐，是世界十大最珍稀的鱼类之一，在《世界自然保护联盟濒危物种红色名录》中为极危等级物种。

| 名称 | 分布 / 栖息 | 特点 | 食性 |
|------|------------|------|------|
| 马耳他鳐 | 仅仅分布于突尼斯海峡（意大利西西里岛和突尼斯之间的海峡） | 身体扁平，背褶皱明显，拥有宽大的胸鳍，身上有白色的小斑点 | 喜欢的食物包括小鱼、甲壳类、软体动物和蠕虫等 |

马耳他鳐是一种海底生物，属于鳐科鱼类。它们的身体很宽很平，呈菱形，两侧有宽大的胸鳍，尾巴很短。它们的皮肤很粗糙，有很多褶皱和小刺，身上布满了白色的小斑点。马耳他鳐喜欢生活在海底沙泥、碎石和珊瑚礁等地方。

我只生活在突尼斯海峡，很稀有的！

马耳他鳐虽然看起来很凶猛，但实际上对人类并没有攻击性。然而，受环境污染和生态失衡等原因的影响，马耳他鳐的数量已经严重减少。

马耳他鳐喜欢的食物有哪些？

## 黄唇鱼

今天我和家人一起到海湾观看黄唇鱼放流活动。这些鱼苗只有20多厘米长，全身鳞片闪着银色的光芒，有的部位看起来像透明的一样，非常美丽。看着500尾鱼苗轻盈地摆动尾巴，充满希望地游向大海，我和家人都非常开心。现场的工作人员告诉我们，由于自然环境的变化和过度捕捞，黄唇鱼的种群数量急剧下降，濒临灭绝，已经被列为国家一级保护野生动物。这一批

鱼苗是在人工控制条件下才繁育而成。我听完，更加明白了放流鱼苗的重大意义，我们一定要好好保护它们长大！

### 日记点评

作者记录了放生黄唇鱼的活动，对黄唇鱼的刻画十分细致，把个头、身体、游动状态描写了一遍，然后突出描写了保护黄唇鱼的重要性。文章按照重点分先后顺序进行描写，这样才不会让人觉得凌乱。

黄唇鱼是我国特有珍稀鱼类，是国家一级保护野生动物，同时也被列为《世界自然保护联盟濒危物种红色名录》极危等级物种。

| 名称 | 分布/栖息 | 特点 | 食性 |
|------|----------|------|------|
| 黄唇鱼 | 南海和东海 | 体形最大的石首鱼科物种 | 肉食性鱼类，以小型鱼类和虾蟹等大型甲壳类为食，幼鱼则以虾类为食 |

黄唇鱼有自己的小家族，包括黑缘黄唇鱼以及波利黄唇鱼两种，它们一般生活在浅海水域水下五六十米水流处，海水和淡水交汇的河口海域。成年鱼可以长到1.5米，体重50千克。目前，黄唇鱼已经极其稀有。

我可是最大的石首鱼。

快走，这里水浅，小心渔网。

嗯嗯，好吃……妈妈放心，我们已经受到人类保护了！

现在15～30千克的黄唇鱼偶尔可见。2005年，东莞市在现存仅有的黄唇鱼产卵场——珠江口虎门海域设立了东莞市黄唇鱼市级自然保护区。黄唇鱼已经被列入《国家重点保护野生动物名录》，不可以随便捕捞、买卖。

说一说

1. 黄唇鱼是国家_____级保护野生动物。

2. 黄唇鱼分布的范围在哪里呢？我国在哪里设立了黄唇鱼市级自然保护区？

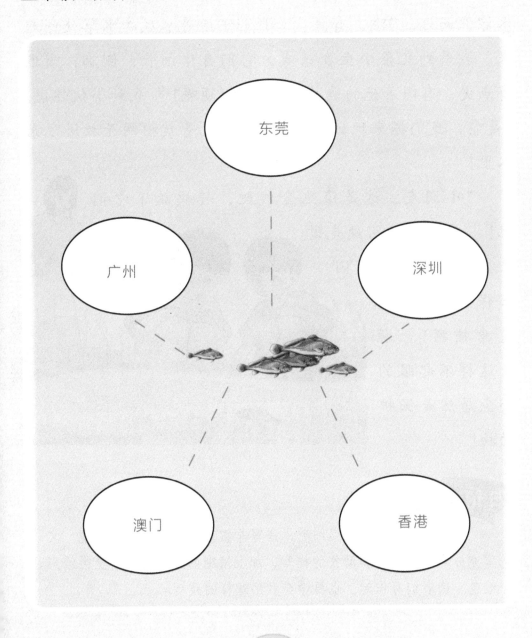

东莞

广州

深圳

澳门

香港

## 滇池金线鲃

今日我和小伙伴及家人去云南的抚仙湖游玩。抚仙湖的湖水清澈见底，站在岸边可以看到水底的水草在晃动，岸边还有不少钓鱼的人。我们来到湖边岩洞处，那里有泉水淙淙而过。"瞧，有鱼！"小伙伴指着水底的水草处叫起来。我看到几条小鱼在嬉戏，它们身体细长、侧扁，嘴巴有点尖，有闪着光的鳞片。"还有胡须呢！"我和小伙伴说。"是啊，我们抓来玩玩吧！"小伙伴说着就把网子放进了泉水里！

"小朋友，这是滇池金线鲃，赶快放了它们吧！"旁边一位阿姨走过来提醒道，"它们受国家保护，不可以随意捕捞！"原来这样不起眼的小鱼居然是保护动物！

### 日记点评

作者对自然环境观察细致，描写非常生动，令人身临其境。文章充分运用了声音和动作的描写，加上清晰的细节刻画，显得绘声绘色。读者们写作时，也要学会利用这样的技巧。

滇池金线鲃非常濒危，平时难得一见，但我们可以在这里了解它：滇池金线鲃是国家二级保护野生动物，在《中国濒危动物红皮书（鱼类）》中被列为濒危等级物种，在《世界自然保护联盟濒危物种红色名录》中为极危等级物种。

| 名称 | 分布 / 栖息 | 特点 | 食性 |
|---|---|---|---|
| 滇池金线鲃 | 中国云南的阳宗海、滇池、抚仙湖 | 细长、侧扁 | 喜欢吃小鱼、小虾和水生昆虫，也吃少量的丝状藻、蓝藻和植物的碎片 |

滇池金线鲃喜欢水质清澈的湖泊，或者与湖泊相通的洞穴，还有石灰岩溶洞及一些暗河。它们在初夏时游入湖边岩洞泉水中产卵。目前主要通过人工增殖放流的方式增加自然界中滇池金线鲃的数量。

我是受国家保护的鱼宝宝！

滇池金线鲃生存历史悠久。几百年前，徐霞客在游历云南滇池时，在《徐霞客游记·记游太华山》中这样记述滇池金线鲃："鱼大不逾四寸，中腴脂，首尾金一缕如线，为滇池珍味。"

滇池金线鲃的家在哪里?

暗河                                溶洞

湖泊相连的洞穴                        泉水岩石缝隙

## 花鳗鲡

　　放假了，我和家人一起到湖泊边观察鱼类。站在水里捕捞小鱼时，我忽然看到一条"蛇"探头探脑地游了过来。"啊，有蛇！"我大叫着跳上岸边的石头。表姐听见后拔腿就跑。叔叔听见呼喊跑过来，仔细观察了一下后，告诉我们："不用担心，这是一条鱼，不是蛇。"我冷静下来仔细一看，只见它的身体圆滚滚，很长，和一般的鱼类不同，也不像蛇，身上有黄褐色的花斑纹样，嘴巴很大，看起来很凶猛。我上网一查，果然是鱼，学名叫花鳗鲡。叔叔说，它是"鳝王"，还可以爬上岸生活呢。

### 日记点评

　　作者对场景的描写细致而生动，给读者以深刻印象。"探头探脑""大叫""拔腿就跑""呼喊""跑过来"等一系列动作的连续描写非常生动。

让作者既害怕又激动的花鳗鲡，还有什么知识呢？去看看吧！花鳗鲡被列入《国家重点保护野生动物名录》，为二级保护野生动物，在《中国生物多样性红色名录——脊椎动物卷（2020）》中为濒危等级物种。

| 名称 | 分布/栖息 | 特点 | 食性 |
|---|---|---|---|
| 花鳗鲡 | 喜欢生活在山间的溪流中。白天隐藏在洞穴及石隙中，晚上外出活动 | 身体圆而长，嘴巴越过眼睛位置，非常凶猛 | 肉食性，喜欢捕食小型鱼类、甲壳类、贝类和水生昆虫等 |

花鳗鲡是一种在江河和深海间洄游的鱼类，平时生活在淡水的江河、沼泽、溪流，繁殖时进入深海。拦河建坝、水电站等阻断了花鳗鲡的洄游通道，致使花鳗鲡的数量急剧下降。

这条路太难了！

花鳗鲡在国内分布于长江下游及以南的水域，在国外则主要分布于菲律宾南、斯里兰卡东和巴布亚新几内亚等水域。

想一想，并勾选出花鳗鲡濒危的原因。

2.水坝

1.水电站

3.工厂排放废水

4.垂钓

## 蓝鳍金枪鱼

今天妈妈带我去参观海洋生物博览会。参观时，我看到许多人围着一条特别的鱼拍照。原来，吸引大家注意的是一条珍贵的蓝鳍金枪鱼。它是金枪鱼类里最大型的鱼种，体长2米多，头部往下弯曲，鳍膜很大，背鳍和臀鳍十分发达，身体呈流线型，全身闪闪发光。科普讲解员说，它是海洋顶尖的掠食者之一，为了保持自身的吸氧量，要一直游。它游动的速度非常快，可以达到每小时几十千米。

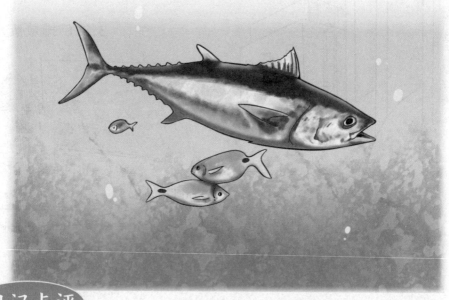

### 日记点评

作者通过侧面描写，突出了蓝鳍金枪鱼人气十足的热闹场面。引用科普讲解员的话，展现出蓝鳍金枪鱼游动速度快的特点，再配合非常细致的体形特点描写，富有画面感。正面描述和侧面描述结合的写作方法值得学习。

**物种卡片**

让我们跟着作者看看，在渔业中非常出名的蓝鳍金枪鱼还有什么知识点吧！

| 名称 | 分布/栖息 | 特点 | 食性 |
|---|---|---|---|
| 蓝鳍金枪鱼 | 分布在大西洋、太平洋、印度洋的温带及热带海域，包括中国的东海。属于温水性鱼类，喜欢生活在深海表层水温高的海域 | 身体呈流线型，背鳍和臀鳍发达，身体侧面呈金属光泽，背部呈暗蓝色，腹部呈白色，体长可达3米，体重达250~400千克，甚至更重 | 主要以鱼类、头足类和甲壳类动物为食 |

蓝鳍金枪鱼是海洋里的顶级掠食者，用超快的速度追捕较小的鱼类。它们是极为迅速的游泳者，每小时可以游动数十千米，因此也被称为"追风者"。

我是海洋"追风者"。

由于过度捕捞和环境污染，蓝鳍金枪鱼的数量逐渐减少，被列为濒危物种。作为海洋生态食物链上重要的一环，蓝鳍金枪鱼如果灭绝，将会对部分海域的生态平衡造成破坏性影响，所以已被列入《世界自然保护联盟濒危物种红色名录》极危物种，在中国属于国家二级保护野生动物，不得猎捕！

拼一拼

根据蓝鳍金枪鱼的特征拼一拼。

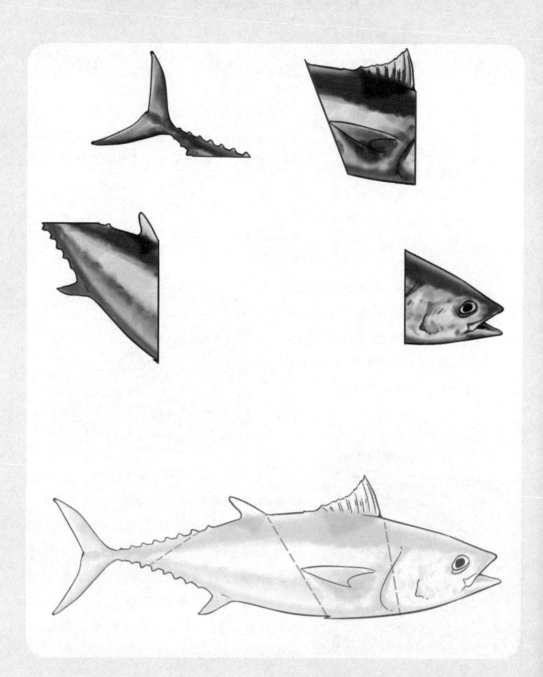

今天我和妈妈去珠江边游玩时，看到一位钓鱼者正在放生一条鱼。好多人在那里围观，妈妈看了一眼说："这不是斑鱯吗？"我突然想起小时候在村里也能钓到的芝麻剑，原来它的学名叫斑鱯呀！它是一种很特别的鱼，有点像鲇鱼，不过它的身体侧扁，褐色身体上有黑色斑点，就像撒了黑芝麻。它的身体看起来像一把剑，且非常滑溜，不容易捕捉。

"现在，它可是国家二级保护野生动物。因为人类的过度捕捞和环境的变化，斑鱯已经越来越稀少了！"那个钓鱼的人一边说着，一边小心翼翼地把鱼放归水里。

日记点评

作者通过对现在和回忆的描写，让文章富有层次感；善用对比和比喻，形象地描写斑鱯的外观特点。文章情感饱满，叙事重点突出，动作描写运用很熟练。

我们一起来看看让作者从小念念不忘的稀有鱼类，还有什么值得学习的知识点！

| 名称 | 分布/栖息 | 特点 | 食性 |
|---|---|---|---|
| 斑鱯（芝麻剑） | 中国钱塘江、九龙江、韩江、珠江、元江，以及南亚地区内陆河。喜欢栖息在江河的底层 | 和鲇鱼有点像，头部呈扁平状，嘴边有四条须，身体侧扁如一把古代的剑 | 在水底底层，捕食小型水生动物如水生昆虫、小鱼、小虾等，也少量食用水生植物碎屑 |

斑鱯是鲿科鱯属的一个种，民间又叫它芝麻剑，在广东和广西的农村一般也叫鮰鱼或者白须鮰。斑鱯在广东珠三角部分地区有养殖。

我可是有毒的！而且，抓国家二级保护野生动物，想坐牢吗？

我们想回到江河里。

它个体长，全身无鳞，但背鳍和胸鳍非常锋利而且有毒，被刺后伤口剧痛，还可能引起大面积水肿。

哪一条是斑鳠,哪一条是平时看到的鲇鱼?

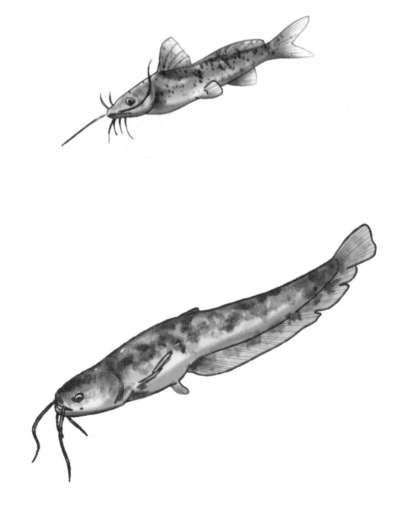

## 波纹唇鱼

今天妈妈带我到海洋博物馆游玩，这里有各种各样的海洋生物，真是令人大开眼界。刚走进馆里不久，便有一条绿色的鱼吸引了我。只见它的头部隆起，身上的斑纹非常特别，和人的指纹很像，色彩艳丽，特别好看。最让我印象深

刻的，是它眼睛后面好像长着两道眉毛。我站在那里看它游来游去，几乎入了迷，妈妈叫我，我都没听见。工作人员告诉我，这是波纹唇鱼，它是一种名贵的观赏鱼，曾经还被人食用。但它现在数量稀少，是国家二级保护野生动物，需要我们爱护。

### 日记点评

作者通过直接描写和侧面烘托相结合的方式，生动刻画了波纹唇鱼的特征。叙事过程中心理描写充分，突显了作者对波纹唇鱼的好奇心。

日记里"眉毛"这个比喻非常形象，可它真的长有眉毛吗？原来，这种鱼又称为苏眉，就是因为它眼睛后方那眉毛样的条纹而得名。它被列为国家二级保护野生动物、《世界自然保护联盟濒危物种红色名录》濒危等级物种。

| 名称 | 分布 / 栖息 | 特点 | 食性 |
|------|-----------|------|------|
| 波纹唇鱼（苏眉、龙王鲷） | 喜欢生活在岩礁和珊瑚海域，以及热带海洋里险峻的外礁斜坡、峡道斜坡处。很多沿海国家都有它的踪迹 | 有向前隆起的额头，最长达2米左右 | 肉食性，捕食范围很广，以鱼类及底栖动物为主，也吃无脊椎动物 |

千万不要把波纹唇鱼养在一起，因为它们喜欢"占地盘"。一山不容二虎，总有一条要被另外一条攻击受伤。波纹唇鱼白天喜欢在礁石之间活动，晚上在礁石洞穴、珊瑚岩架下面栖息。

这地盘是我的，谁都别想抢！

大鱼吃小鱼，小鱼吃虾米，可不是说说的。

救命啊！

此外，也不能把小型鱼和它们放在一起，因为波纹唇鱼属于肉食性鱼类，食谱很广，它们可以吃掉和身体一半大的猎物。即使只有10厘米长，它们也能吃掉5厘米长的小鱼。

波纹唇鱼白天和晚上分别喜欢在哪里呢？

白天和晚上的我都在哪里
呢？圈出来看看吧。

7月20日 小雨

今天在家看电视时，我看到了关于海洋鱼类的纪录片，就赶忙拿出日记本继续写鱼类观察日记。

纪录片里播放的是一种会直立"行走"的鱼，它游动时像海洋里的野马一样，因为头部看起来和马的头部相似，所以它被称为克氏海马。它没有牙齿，一直用嘴吸食。它游走在海藻丛里时，就像站立着的马，全靠后背的鳍鼓动助力前进。除了在动的背鳍和两只眼睛，它看起来就像飘在水中"行走"，和平时见到的游动的鱼完全不同呢。这种鱼类真的很特别！

**日记点评**

作者对克氏海马的描写非常细致，运用类比的方法让读者直观地了解这类鱼的外形、特征。心理描写、动作描写用词恰当，例如，"赶忙"一词就表达了小作者积极记录的心情。

这种"像马一样的鱼"真让人感兴趣，我们去看看吧！克氏海马已被列为《世界自然保护联盟濒危物种红色名录》易危等级物种，同时也是国家二级保护野生动物。

| 名称 | 分布 / 栖息 | 特点 | 食性 |
| --- | --- | --- | --- |
| 克氏海马 | 生活于沿海、海湾等区域，特别是风平浪静、水质清洁、透明度较大的海底礁石、石砾、藻体附近 | 长得像马，繁殖方式独特，由海马爸爸负责孵化和育儿 | 以端足目、桡足目、糠虾目等甲壳类为食 |

克氏海马是一种小型海马鱼，身体表面有很多小颗粒，以及一些类似树枝的突起，这些都有助于它们在海底的海藻中隐藏身形。

你可以找到我吗？

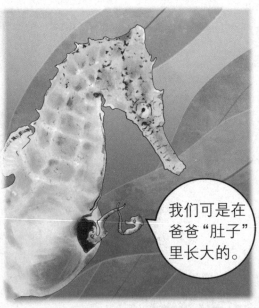

我们可是在爸爸"肚子"里长大的。

海马繁殖非常独特，雄性海马长有育儿囊，雌性海马把卵产在雄性海马的育儿囊里，由雄性海马负责孵化和育儿。

下面哪里适合克氏海马生活呢？

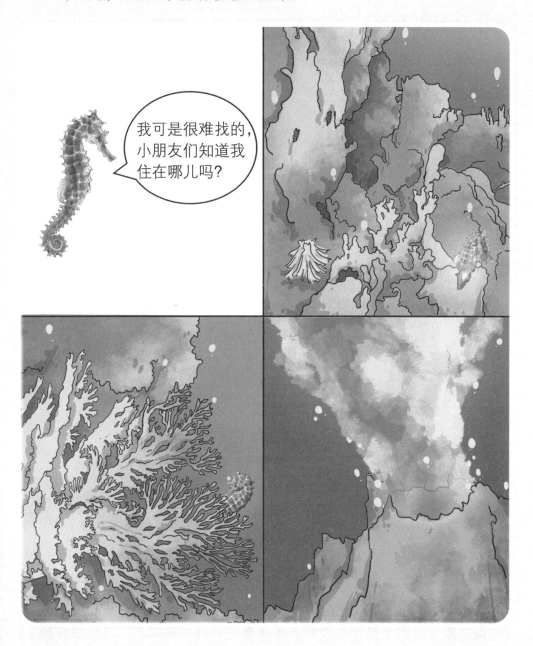

## 东北七鳃鳗

　　今天我和家人去了位于辽河旁的江畔公园，意外地看到了东北七鳃鳗。那是在江边玩耍的时候，我们路过钓鱼的人群时，忽然听到一位老爷爷指着水桶大声劝说："这不就是东北七鳃鳗吗？它可是国家二级保护野生动物！快快放回河里！"

　　我们非常好奇，赶忙凑过去仔细观察。只见水盆里有一条像电影里"水下吸血恶魔"的怪鱼，它的身上有几个很明显的气孔，身躯有点像鳗鱼，却长着怪异的嘴。圆盘状的嘴里布满密密麻麻的尖牙，令人毛骨悚然，真是非常恐怖的鱼。

### 日记点评

　　作者非常熟练地运用倒叙的手法，并结合联想的写法，把"吸血恶魔"东北七鳃鳗的外形描述出来。"赶忙凑过去"这一动作描写，表达了作者"非常好奇"的心情。

日记让我们感受到了作者既好奇又有些害怕的心情。让我们再一起看看这种奇异的鱼类吧！东北七鳃鳗已被列为国家二级保护野生动物。

| 名称 | 分布 / 栖息 | 特点 | 食性 |
|---|---|---|---|
| 东北七鳃鳗（八目鳗鱼、七星子） | 冷水鱼，生活在中国鸭绿江流域、俄罗斯远东、朝鲜北部山区冷水区域 | 身体是细长条形的，头和颈部区域有七鳃孔 | 肉食性鱼类，幼年吃浮游动物以及藻类、腐殖碎片；成年后经常用吸盘吸附在其他鱼类的身体上，吸食鱼类的血肉 |

在东北水流平缓的山区河流可以看到它们的身影，东北七鳃鳗喜欢白天钻到沙子里，晚上出来觅食。

保护野生动物，拒绝过度捕捞

哇！居然是东北七鳃鳗。

成年东北七鳃鳗以吸食其他鱼类的血肉为食，被渔业列为"害虫"，受到限制和驱逐。但它肉质鲜美，又是一些吃货的美食，因而受到猎捕。

东北七鳃鳗和鳗鱼有什么区别?

# 花羔红点鲑

今天我和家人来到松花江，看到了一种非常神奇的鱼，叫作花羔红点鲑。第一眼看到它的时候，我就被它吸引了。它的身体呈褐色至灰色，上面点缀着红色斑点，身体底部色彩艳丽。导游说这是一种神奇的鱼，人如果一天不吃饭会饿得发慌，但这种鱼却可以几乎一年不进食。这是因为它们有个特异功能，可以根据食物的多少（比如所进食的大马哈鱼卵的数量）改变肠道的容积，这样可以一次性尽可能多地进食。

**日记点评**

作者采用了直叙的方式，记录了在松花江的见闻。日记当中突出记录了导游的话，并突出"特异功能"这一特征，非常生动地介绍了花羔红点鲑的特点。

日记里描述的"特异功能"真神奇！这种鱼真让人好奇。我们继续了解一下吧。花羔红点鲑现存数量不多，已经被列为国家二级保护野生动物。

| 名称 | 分布/栖息 | 特点 | 食性 |
|---|---|---|---|
| 花羔红点鲑 | 太平洋北部，亚洲和美洲沿岸，以及我国的黑龙江、松花江等流域 | 喜欢生活在冷水中，夏天也喜欢在15℃以下的冷水域生存 | 以底栖动物及落入水中的昆虫为食，也吃鲑类的卵和幼鱼，最喜欢吃大马哈鱼的鱼卵 |

长白朝鲜族自治县冷水鱼养殖场实现了第一条濒危冷水鱼——花羔红点鲑的人工培育和驯化。

鱼卵一年可就只有一次呀，多吃些！

14℃

我喜欢低于15℃的冷水。

扩展肠道的能力，让花羔红点鲑可以尽可能多地进食。

找一找

花羔红点鲑的食物有哪些?

## 多鳞白甲鱼

　　今天我和家人到附近的山里游玩。在溪水边，我正准备拍摄照片时，朝水面一看，竟然发现了一种非常稀有的鱼——多鳞白甲鱼！这种鱼的身体颜色非常美丽，全身呈银白色，鱼鳞上布满了绿色和金色的斑点，非常精致。它的身体长而细，像是一条细长的银带，游动非常迅速。它就像一位将军，全身穿着白光闪闪的铠甲在水里游动。我一直注视着它，接连拍了好几张照片，直到它游出我的视线。

### 日记点评

　　作者热爱大自然，文字生动，用拟人和比喻结合的描写手法，如"将军""白光闪闪的铠甲"等，清晰详细地介绍了多鳞白甲鱼的外观。

日记里的"将军"全身穿着"白光闪闪的铠甲"，到底是什么样的呢？让我们一起看看吧！多鳞白甲鱼属于《国家重点保护野生动物名录》中的二级保护野生动物。

| 名称 | 分布/栖息 | 特点 | 食性 |
| --- | --- | --- | --- |
| 多鳞白甲鱼 | 喜欢在山溪流水中生活，为底层鱼类。广泛分布在中国嘉陵江水系和汉水水系的中上游、淮河上游、渭河水系，还有海河上游的滹沱河，以及山东泰山的溪涧 | 银白色，成年鱼体长20～30厘米，鳞片闪闪发光 | 杂食性鱼类，主要捕食软壳的水生昆虫（如摇蚊的幼虫或成虫、黑纹石蚕的幼虫或茧、白川谷蜉蝣的稚虫、石蚕的幼虫、黑蚂蚁）等无脊椎动物，也摄食藻类（如螺带水绵、短发状绿苔） |

多鳞白甲鱼是一种非常美丽而珍贵的淡水鱼类，生活在水质清澈、砂石底质的高山溪流中。它身体长而细，鳞片闪闪发光。

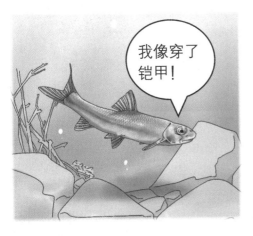

我像穿了铠甲！

我也生活在泰山上的溪涧中呢！

它们喜欢生活在高山溪流中，常在石边或乱石空隙当中活动，常常取食砾石表面的藻类。

多鳞白甲鱼的食物有哪些？

## 北方铜鱼

　　天气已经开始转凉了，今天伯父带我去河边走一走。我在河边石头处大声地和伯父说着话，忽然见到水下有一个影子在晃动，好像是一条鱼。"有鱼！"我惊喜地叫了一声。透过河水，隐约看到鱼的身体呈铜黄色，背部和侧边有黑色斑块，鳞片闪着光，很美。"这是北方铜鱼，"伯父看了看，又说，"这种鱼也叫鸽子鱼。它们非常喜欢待在大河浑浊的水底，潜藏在河底的石头缝隙中。"

### 日记点评

　　作者以白描的手法，细致描写出北方铜鱼的外观特征，并详细描写了看见北方铜鱼的过程，用声音、动作等穿插结合的描写方式，令人仿佛身临其境。

潜藏在水底的北方铜鱼，已经越来越难得一见了。它被列入了《中国生物多样性红色名录——脊椎动物卷（2020）》，为极危级别；在《国家重点保护野生动物名录》中为一级保护野生动物。所以一起来看看吧！

| 名称 | 分布/栖息 | 特点 | 食性 |
|---|---|---|---|
| 北方铜鱼（鸽子鱼、黄河铜鱼） | 黄河中上游的甘肃靖远至宁夏青铜峡一带 | 头小，稍平扁，头后背部稍隆起。吻尖而突出。口下位，马蹄形，略宽 | 成鱼喜欢吃底栖动物，也吃水生昆虫、小鱼虾、植物碎屑、谷物、小螺蚌等；幼鱼吃其他鱼类的鱼卵和幼鱼 |

它们是中国的特有物种，生活在黄河上游水流稍微平缓的地方，多在浑浊的深水区觅食。

人类为什么叫我们鸽子鱼呢？

北方铜鱼曾因出了名的好吃，而被过度捕捞，并最终导致其濒危。

它们外形和鲤鱼相似，但头小肚子大，侧看活像一只可爱的鸽子。

找一找

北方铜鱼的家在哪里?

黄河

长江

沙滩

## 鲥

今天，在渔业展览馆里工作的伯父带我去参观他们的展览馆。我在展厅里看到一个奇怪的大展台，这个展台上挂着的图片展示的居然是一个宴席的场景。怎么回事呢？我非常好奇。原来，这个展台介绍的是一种以鲜美著称的鱼类——鲥。伯父说，鲥自古就因为好吃而被多次记载传颂，它的味道美妙无穷，有超级高的声誉。

它们是因为好吃被吃光了吗？

伯父指着旁边的标本介绍说，鲜活的鲥，全身长满银鳞，看上去滑润如玉。渔民们曾经非常热衷于捕捞它们。后来，鲥变得越来越少。到了今天，几乎非常难在野外找到它们了。它们已经被列为国家一级保护野生动物。

**日记点评**

作者以平铺直叙的方法记录了参观渔业展览馆的过程，但在直叙过程中，重点描写了鲥的味道之美妙和最终成为濒危物种的历程。所用词语"传颂""美妙无穷"非常恰当，展现出良好的遣词能力。

曾经因为美味而被传颂的鲥，已经越来越难见到了。让我们一起去看看因为美味濒危的物种吧。鲥已被列为国家一级保护野生动物。

| 名称 | 分布/栖息 | 特点 | 食性 |
|---|---|---|---|
| 鲥（鲥鱼、时鱼、三来鱼） | 中国黄海、东海、南海沿岸以及珠江、钱塘江、长江等水域 | 栖息在海中，喜欢在水体中上层活动，是一种溯河产卵洄游的鱼类 | 摄食浮游动物，兼食幼小鱼虾 |

鲥是一种在海中生活，却返回淡水河中繁殖产卵的鱼类。

每年2～3月我们都会洄游到河里。

每年5～7月我们会在淡水里繁殖。

它们喜欢在江河的支流、湖泊中水流平缓、砂质的地方繁殖。

鲥的分布范围在哪里呢？

| | | |
|---|---|---|
| 北美五大湖地区 | 尼罗河流域 | 澳大利亚沿海 |
| ☐ | ☐ | ☐ |
| 中国黄海、东海 | 密西西比河 | 中国长江流域 |
| ☐ | ☐ | ☐ |

## 鲸鲨

今天，是我跟着大伯他们出海捕鱼的日子。热闹地放完鞭炮以后，渔船启航了。在大海上颠簸航行了很长的时间，忽然，我们在船尾不远处发现了一艘"巨大的潜艇"。这艘"潜艇"的阴影足足有一艘船那么长，有时会有背鳍露出水面。"会不会是大鲨鱼？"其阴影的形状像极了鲨鱼！

我赶忙打开安装在船底的水下摄影机。"终于有机会拍到珍稀鱼类啦！"原来这是一条巨大的鲸鲨，它的身上布满斑点，正咧开嘴，在斑驳的水中悠闲地游动着，身边跟随了很多小鱼。

### 日记点评

作者详细记录了发现鲸鲨的过程。以"巨大的潜艇"为比喻，形象地展现了在船尾发现的阴影。用疑问句激起好奇心，进而运用白描的手法描写鲸鲨的外观。运用"悠闲"一词形容鲸鲨的动态，形象生动。

鲸鲨是个庞然大物，长得很像鲨鱼，外形可怖，性格却非常温顺，我们一起去看看吧！

鲸鲨属于滤食性鲨鱼，以浮游生物为食。它被列入《世界自然保护联盟濒危物种红色名录》，为濒危等级物种；被列入《国家重点保护野生动物名录》，为国家二级保护野生动物。

| 名称 | 分布 / 栖息 | 特点 | 食性 |
|---|---|---|---|
| 鲸鲨（豆腐鲨、大憨鲨） | 温暖的各大洋海域 | 体形最大的鱼：科学记载的最大鲸鲨长 12.65 米，其身体最粗处周长为 7 米 | 以浮游生物、巨大的藻类、磷虾与小型的自游动物（如小型乌贼与脊椎动物）为食 |

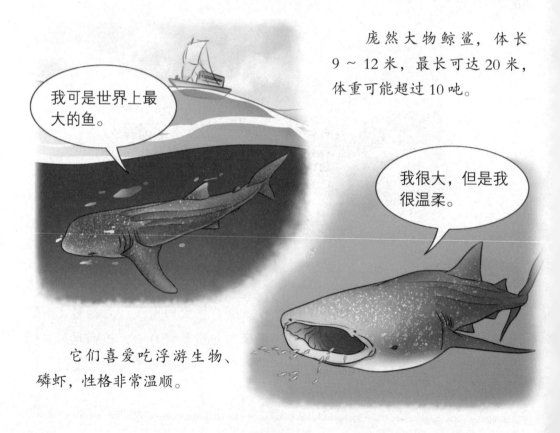

庞然大物鲸鲨，体长 9 ~ 12 米，最长可达 20 米，体重可能超过 10 吨。

我可是世界上最大的鱼。

我很大，但是我很温柔。

它们喜爱吃浮游生物、磷虾，性格非常温顺。

想一想

鲸鲨的分布范围在哪里呢?

| 北极地区 | 欧洲的内陆河流 | 太平洋亚热带海域 |
|---|---|---|
| ☐ | ☐ | ☐ |

| 大西洋热带海域 | 印度洋 | 南极洲周边海域 |
|---|---|---|
| ☐ | ☐ | ☐ |

## 姥鲨

在远洋渔船上工作的表哥终于从很远的地方回来了。我非常兴奋地跑到了他家。"这一次，我拍到了姥鲨！"表哥一脸得意地拿出相机展示给我看。这是一条非常像鲸鲨的大鱼，体形庞大。让我印象深刻的是它张开的大嘴，就像一个深不见底的巨洞一样，把小鱼、小虾装进里面。它进食的时候，会张开大嘴一路向前游动，大嘴就像渔网一样，装进很多食物。很难想象，这么庞大的身躯，一天要吃多少小鱼才够呀！

### 日记点评

作者运用比喻，以"深不见底的巨洞"形容姥鲨的大嘴，又恰当地运用比喻与描写结合的方式，详细地描绘出姥鲨的进食动态，并且在文章最后，用一句感叹突出了"庞大"的姥鲨和食物之间的差距。

姥鲨也是个庞然大物，是比鲸鲨小一些的世界第二大滤食性鲨鱼。日记里说，它有"深不见底"的大嘴巴，我们一起去看看吧！

姥鲨被列入《世界自然保护联盟濒危物种红色名录》中，属于濒危等级物种，同时也是国家二级保护野生动物。

| 名称 | 分布/栖息 | 特点 | 食性 |
| --- | --- | --- | --- |
| 姥鲨（象沙、姥鲛、赣鲨、蒙鲨、老鼠鲨、象鲛） | 温暖的各大洋海域 | 体形非常大，体长可达7~8米。因生性非常温和，故被称作姥鲨 | 主要以浮游的无脊椎动物和小型鱼类为食。其捕食方式非常奇特，先张开大嘴连饵带水"吞"进，然后用细长的角质鳃耙"筛"选过滤 |

姥鲨在拂晓和黄昏时常成群结队地出现在海面，会露出背鳍或尾鳍，其他时间则栖息在100米以下的深水层。

它们巨大的嘴巴，可以连水带鱼一起"吞"，然后在鳃耙"筛"选过滤。喜欢吃小鱼、浮游生物、磷虾，性格非常温顺。

鲸鲨和姥鲨都是滤食性鲨鱼，它们有什么区别吗？

# 收集和观察鱼类的工具、资料，有哪些呢？

1. **学习资料**：《国家重点保护野生动物名录》、观察图鉴。

2. **网兜**：大部分鱼类不会傻呆呆地待在原地，要小心地使用网兜捕捉它们。

3. **望远镜**：能清晰地看到远处。在野外的湖畔、河畔，可以用望远镜观察到水中的鱼类。

4. **地图**：重要资料，有助于制订和确认调查计划及路线，避免在野外迷路。

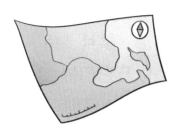

5. **记事本与笔**：用来记录观察鱼类的时间、地点，以及鱼类的外观、特点、习性等，这样就可以随时记录观察结果。

鱼类的栖息地通常在野外，做好这些准备，可以让你在野外观测时事半功倍。

1.**双肩包**：不仅可以携带许多在野外必备的物资，比如食物、工具以及生活用品等，还方便我们在观察时腾出双手使用望远镜。

2.**透明观鱼器**：用于安放捕捉到的鱼类。有2个小盖子，都可以打开，上面会有小孔，保证鱼类有充足的空气。

3.**放大镜**：用来观察鱼类细微的地方。当观察细小的鱼类、鱼卵时也用得到。

## 怎么观察鱼类？

每一种鱼类都各有特点！注意观察它们的各个部分，如头部、嘴部、鳞片、鱼鳍等，还要观察它们的颜色、大小、活动能力以及它们捕食、进食的过程等。小的鱼类，可以放入透明观察器里仔细观察。